私人逻辑

打开心锁，找到你的内在珍宝

[美] 琳·洛特　[美] 芭芭拉·曼登霍尔　王莹◎著
杨华京 王莹◎译

北京联合出版公司
Beijing United Publishing Co.,Ltd.

图书在版编目（CIP）数据

私人逻辑 /（美）琳·洛特，（美）芭芭拉·曼登霍尔，王莹著；杨华京，王莹译；迟到绘. -- 北京：北京联合出版公司，2024. 8. -- ISBN 978-7-5596-7698-6

Ⅰ. B821-49

中国国家版本馆 CIP 数据核字第 2024K35W93 号

私人逻辑

作　　者：[美] 琳·洛特 [美] 芭芭拉·曼登霍尔 王莹
译　　者：杨华京 王莹
出 品 人：赵红仕
选题策划：北京天略图书有限公司
责任编辑：周　杨
特约编辑：高锦鑫
责任校对：钱凯悦
装帧设计：迟　到

北京联合出版公司出版
（北京市西城区德外大街 83 号楼 9 层　100088）
北京联合天畅文化传播公司发行
北京盛通印刷股份有限公司印刷　新华书店经销
字数 90 千字　889 毫米 ×1194 毫米　1/16　9.5 印张
2024 年 8 月第 1 版　2024 年 8 月第 1 次印刷
ISBN 978-7-5596-7698-6
定价：49.00 元

推荐序一

转废为宝的过程，妙不可言

在正面管教、家庭教育圈，听说琳和小影整理了一些经典的自我成长故事编辑成书，终于得见，像书名一样，如获至宝。

琳和小影非常相像，她俩都非常敏感。她们的感官是360度打开的，能瞬间捕捉到一个空间的温度、色彩、味道、声音；也能快速觉察一个场域是否舒服、气氛如何、能量高低；更是能常常秒知一个人的状态和感受。因为这份敏感，她们比常人多了几倍对人性、对关系的观察和理解。

这份敏感，正是她们打开生命宝箱的万能钥匙。

琳和小影都活得很随性。高兴了，喝酒、大笑，发出魔性的笑声，在生活中和课堂上都极富有感染力；不高兴了，脸上的表情会告知全世界，原则和界限非常分明；我们一起逛街买买买、火锅吃吃吃的时候（琳是我认识的外国人里最爱吃火锅和中餐的），她们的生命状态是灵动的、是真实而鲜活的。她们都在生活中修行、感悟、突破私人逻辑，活出自我！致敬她们的活法。

她们定是曾多次打开生命宝箱，找到了不少珍宝。

文如其人，她们敏锐又真实，灵动又有界限，能极大地支持到他人的心理成长。

私人逻辑是阿德勒个体心理学用于自我觉察成长的理论和方法，本身就是块瑰宝。很多心理流派有类似的理论，比如人生脚本与心理定位、生命剧本等，没有一个理论像私人逻辑这样简单，易理解、接纳、运用，琳·洛特是极其擅长把“复杂理论简单化”的大师，像本书的觉察、接纳、行动表，只要我们沉下心来一一照做，生命成长的珍宝就会唾手可得。

假如——

你对自己的体型、样貌或知识能力感到自卑，在面对很多机会、场合时退缩不前；

你常常矛盾纠结、担忧自责，无法与同事或朋友建立轻松自如的人际关系；

你有不少恐惧和担忧，对很多事无法放手，常常感觉工作和生活很累；

你心生不满，却又无法付诸于行动，去改善亲密关系状况；

你明知不对，却还总是看见别人的缺点，无法自然地鼓励身边的人；

你茫然无措，无法坦然面对衰老和退休……

这些困扰我们的生命课题，也许打开宝箱就能找到答案，也许借助打开别人的生命宝箱，循着他们挖宝的途径，发现我们原来可以这样重新定义——童年或过去发生的那些不堪、不公、不忍直视的事件，这个转废为宝的过程，简直妙不可言！

琳·洛特写的所有心理学书籍，如《做你自己的心理治疗师》《懂我就是爱我》《正面管教家长讲师指南》等，以及她创建的课程体系，如正面管教家长课、鼓励咨询、婚姻鼓励咨询等，皆宛若白居易写的唐诗，任何一个普通人都能看得懂、学得会、用得起来，这在心理成长的书海里，是非常难得的！心理学领域，做学术研究深入易，专注实践运用浅出难。在这点上，琳无人能及，是我非常钦佩的大家。

阿德勒先生的个体心理学，我越学越爱。大道至简，大道归一，那些符合人性、回归人性的思想和理论，能实实在在地帮助我们更轻松、更快乐地生活，活出自己的光彩。阿德勒理论与我们从小受到的教育熏陶、与生俱来的很多集体无意识无比贴合。比如，与性善论相似的社会情怀、与人类命运共同体贴合的合作与尊重、与修身齐家治国平天下吻合的整体论与目的论、与老子和孔子视仁爱为宝一样，阿德勒倡导扩展归属感和价值感圈层带来更多生命勇气……这些与我们的国学传统、与我们祖辈内化在血液里的价值观，高度一致。

持续学习和深挖，可以找到更多的生命宝藏。

马少槟

正面管教家长导师、学校导师

鼓励咨询导师

推荐序二

这是一本令人惊叹的书

尽管学习阿德勒、带领鼓励咨询课程近十年，读这本书，依然让我收获巨大。我一次次地感受到内在小孩的力量，赞叹于当我们把私人逻辑作为人生的宝藏而不被局限时，那种可以被激发的、不受限的勇气和能力。如同人生自带一支魔法棒，看到内在小孩，了解私人逻辑，魔法棒就已经在发挥作用，改变也会悄然发生。

琳·洛特和小影都是我在阿德勒心理学和鼓励咨询践行之路上的重要老师。我向她们学习阿德勒，我们也一起教学，无论是教，还是学，她们给予了我很多帮助。这份帮助源自于她们的慷慨和对世界的善意，基于此，琳将鼓励咨询带给世界，而小影、我，还有世界各地的鼓励咨询师，得以成为传播善意和勇气的人。

十年前，阿德勒的书是我学心理学的启蒙读本，初学时觉得都能看懂、都能明白，但不知道对自己有什么用。况且，阿德勒的书非常晦涩，当时最满意的用途是临睡前的催眠。2017年初，小影邀请琳开设了国内第一期线上鼓励咨询师认证班。我在这次课上，有任督二脉被打通的醍醐灌顶之感。原来，貌似高大上的心理咨询和心理疗愈，也可以用如此接地气的标准化流程得以实现！那时，我正处于学习型人格障碍的高峰值期，在心理学的坑里花了大把的时间和金钱，证书拿了一堆，却苦于一肚子理论而无工具抓手，战战兢兢地迈不出作为心理咨询师的第一步。琳的鼓励咨询如同百宝箱，“啪”地打开，全是即学即用的宝藏。那是琳对阿德勒心理学的应用，也是她数十年心理治疗经验的浓缩与精华，用简单却精妙的流程（如这本书里对私人逻辑的呈现），一步步引导，带出一层层深入的疗愈。我就这样一手握着阿德勒理论，一手抱着鼓励咨询的百宝箱，开始帮助来访者开启他们的人生宝藏。

最近一期鼓励咨询课堂上，一位初次接触心理学的学员，在课程的一开始，就从几个童年记忆片段里，为困扰自己二十几年的问题找到了答案。她终于明白，为什么自己在工作中表现得如此努力和强大，而内心却始终排斥与他人的相处与连接，哪怕在高光时刻，也隐藏着深深的孤独与悲伤。当她再次看到童年里孤单自卑，渴望却又害怕融入伙伴中的那个孩子时，不禁泪湿双眼。那一刻，她理解和接纳了内在小孩，也理解和接纳了自己。

类似的故事，每天都在课堂上出现，鼓励着打开私人逻辑宝藏的学员。

同样的勇气与智慧，也在这本书的每一个故事里，等待着被你拥入怀中。

写到这里，我的脑海中浮现出一个熟悉的童年片段：正在看书的7岁女孩，在已经光线暗淡的小屋子里，努力辨认着书上逐渐模糊的字迹，她一动不动地坐了好几个小时，那个当下，她的世界里只有这本书和书里的故事。我注视着她，她抬头看向我，琥珀色的眼睛在渐浓的暮色里闪闪发亮："这本书太有趣了！"她说，"我一定要一口气把它全部读完！"

张戈茵
正面管教家长导师
鼓励咨询导师

作者手记

与琳·洛特、芭芭拉一起工作

琳·洛特突然跟我说，Emily，我要和芭芭拉写一本书，我们一起吧。想象一下周杰伦或者是王菲邀请你一起登台演出，恰好你觉得自己歌唱得也不错。我当时的心情就是如此。

琳·洛特是天生的鼓励大师，她不是赞美你，她是真的鼓励你。邀请我和她一起写书，就是她鼓励我的独一无二的方式。她能看到你内心真正需要什么，这也是她为什么能够原创正面管教鼓励和赋能的活动（琳的研究生论文，就是《正面管教家长讲师指南》原创活动的缘起），这也是她为什么能够原创鼓励咨询的活动。

她为什么会原创了鼓励咨询这门课程呢？她说："鼓励咨询（课程）是我为中国的家长们（妈妈们）设计的。中国的妈妈们太爱孩子了，但她们不会爱自己，这是问题所在。"琳的全球第一期鼓励咨询师认证班就在北京开班，大家疯抢名额。幸运的我抢到名额参加了，万万没想到的是，我居然因为这个课程辞职，开启了完全不一样的人生。课程第三天结束，我就付给琳1300元（实际上是150美金/小时，我数学不好算错了）做了我人生第一次一对一心理咨询，做的活动就是"尝试另外一种方法进行记忆研究"（书籍《做你自己的心理治疗师》的活动）。

哎呀，哭成了泪人。第二天继续边哭边写，又哭了4个小时。边书写边疗愈自己的过程让我受益很大，也启发了我原创了鼓励咨询自由书写的课程。在做完咨询的24小时里，我终于开始“看见”自己，“看见”自己的内在小孩。

那一次咨询之后，我马上组了4个线上鼓励咨询学习小组（用微信视频上课的年代），我做翻译，琳来带领，加上组员每组共9个人。陆陆续续，我们开设了很多线上鼓励咨询小组，以及后来的线上鼓励咨询师认证班，历时3年的时间。在这个过程中，我们越来越熟悉，越来越信任和欣赏彼此。

琳·洛特来中国开课是我辞职的契机，我原来在中国传媒大学有一份稳定而相对轻松的英语教学工作，但我想出来闯荡一番。犹豫了很久。在历时3年跟琳的学习过程中，我做过很多次的探讨。2017年6月，琳要来中国开课，做全国巡讲，为了跟她学习、一起工作，我终于有由头可以下决心辞职了，于是，2017年5月，我提交了辞职申请书，结束了11年的大学讲师工作，开启了依靠正面管教、鼓励咨询的创业之路。琳对我说：“Emily，for you, the sky is the limit.”可能其实我自己是不信人生无限的，但有一位如此智慧的老人这样鼓励你，就像茫茫前路上的一盏灯，在我最低沉和沮丧的时候，源源不断地给我注入很多能量。

芭芭拉是琳多年的好朋友，她和琳合著的《做你自己的心理治疗师》是我们耳熟能详的书籍。我们第一次线上会议，当我在默默感叹她是一位如此年轻的金发美女的时候（后来我才知道她已经退休打算享受生活了），她对我发出了一声惊叹："Emily, you are incredibly young and beautiful."虽然我一向知道美国人表达夸张并且善于赞美人，但芭芭拉的这句话，深深地印在了我的脑子里。事实上也是，跟70多岁的琳和60多岁的芭芭拉一起工作，我终于开始珍惜和欣赏自己的年轻。

和琳写书的过程是独一无二的，我也特别想分享给大家。琳、芭芭拉和我开了几次碰头会，列出大纲，每人认领一个章节。约定一周内写完，然后我们三个互相修改对方的文本。比如我在琳写好的稿子上补充我自己想表达的，删除我觉得不大合适的，然后我会把这个稿子转给芭芭拉。芭芭拉做同样的编辑加工。然后芭芭拉再转回给琳做新一轮的加工。每一个章节都经过这样的过程。我们还会开会碰头讨论一些细节。比如第一章是我写的，除了那个乞丐的故事以及一些小小的理论，我还长篇大论地写了很多阿德勒理论的阐述。但琳坚决地让我删除了。她说，我们要写阿德勒理论在生活中的应用，而不是阿德勒理论。所以这本书的基调就是这样的，没有理论，就是一个又一个真实的生命故事。

本书的平面设计迟到是琳的学生，也是爱有方正面管教课程、鼓励咨询课程的资深学员，她亲自操刀，原创了20多幅插图，帮助大家能有更好的阅读体验。

本书的翻译华京是我多年的好友，也是琳·洛特合作很久的鼓励咨询导师，由她来翻译本书，我们觉得非常放心。

一本小小书，却有14个长长的生命故事。期待你能从这些故事里找到共鸣，打开自己的人生珍宝箱。

王莹
正面管教家长导师
鼓励咨询导师

译者手记

不知不觉完成一次寻宝之旅

中国有一句谚语叫“捧着金饭碗讨饭吃”，我记得某年一位师父这样讲给我听的时候，我一半若有所悟，一半懵懵懂懂。在翻译本书时，看到开篇讲到的那个坐在满满一箱黄金上乞讨的乞丐，我不禁哑然失笑。我是如此，世间又有多少人不是如此？

那一箱满满的黄金到底在哪里？在我们的人生历程里，更在我们的童年记忆里。童年记忆中蕴藏着大量的宝藏，然而如果没有一双“开了智慧”的眼睛，则难以发现这些宝藏。世人大多习惯了用匮乏的眼睛去看世界，回看童年，看到的常常是遗憾与伤痛，即便有美好的回忆，那背后也有一些“应该如此，不应如此” 的理所当然和执念。这些遗憾、伤痛和“应该”的局限性认知和信念，绑缚了我们的身心，让我们在每一个当下面对新的挫折和挑战时，陷入纠结、无力和焦灼。

读这本书，宛如成为一个心理侦探斜杠寻宝专家，从一个个来访者当下困扰的导火索中，一点点向下探索，向内探求，去发现童年记忆带给我们的绑缚，以及发掘在松绑之后被尘封已久的宝藏。这本薄薄图书的可爱之处在于，它用一个个真实而鲜活的人生故事和童年记忆来呈现阿德勒个体心理学、正面管教和鼓励咨询课程体系所不断探讨的“私人逻辑”概念，把这个概念用沉浸式讲故事和做咨询的方式活化出来，让人读起来丝毫不觉枯燥，反而常常会心一笑。“会心”二字意味着，我们在他人的寻宝之旅中，看到了自己的某个面相，照见了自己生命的盲点，对自我也有了新的觉察。也邀请你，在每一个故事结束时，用内在小孩的探索练习页来做一个属于自己的寻宝功课，相信你也会有不一样的发现。

写到这里，我意识到这篇短短的译者手记，我已经有意或无意地拖稿许多天了，感谢本文作者与合作译者以及我的好友王莹的包容以及和善而坚定地“催稿”，我终于在截稿这一天完成了这篇小文。

在敲下前面这行字的时候，对于拖稿这件事，我做了童年记忆的联想，脑海中忽然跳出小学课堂中，我的语文老师在眉飞色舞地把我的小作文当范文宣读的场景。那时的我感到既欣喜又吃惊，吃惊在于，“我的作文写得真有那么好吗？我写的时候好像不觉得，被老师这么读出来，好像还真的很不错呢。”想到这里，心中又有一些忐忑：“我不知道自己为什么写得这么好，下一次我还能写得这么好吗？”

我意识到，对于自己的写作能力或天赋，他人是赞赏有加的，而我的内心是不坦然不自信的，生活是有惊喜的，同时惊喜是不确定的，因此我对于未来的“把作文写好”既有期待与渴望，又有压力与不安。啊哈，我觉察到在写作上，我有一种矛盾心理，既想写好，又怕去写，所以在行为层面会有意无意地制造“拖延”。

我看到了童年那个想要做好却又担心做不好的小女孩，此刻，很想握住她的双手，看着她的眼睛跟她说："你的文字是从心里自然流动的，这是你的天赋，老师那么多次拿你的作文当作范文，证明你的文字就是好。你回头再读的时候，也发现自己写得挺好的，对不对？有时候你对自己的作文可能没有那么满意，那也没有关系，第一稿写不好，还可以再改。即便交作业时间到了，改了也改不好，你还有很多很多次写作的机会。在不断书写的过程中，你会对自己的能力越来越清晰，越来越自信，你的能力也会一步步提高。更重要的是，你会很享受写作的过程，这本身就很美好。"

对自己有了这一番觉察、接纳之后，我的行动计划就是：想到就写，做就是了！不知不觉，我也完成了一次童年记忆的寻宝之旅。一起来，怎么样？

感谢作者琳·洛特和王莹的信任与邀约，让我有机会跟这本书有了深度的交流，翻译本书于我而言，也是一场享受和自我省察之旅。愿我的文字能够尽量贴近原作呈现本书的魅力与真实，如在翻译中有差错之处，还请各位读者师友不吝赐教。

杨华京
正面管教家长导师
鼓励咨询导师

读者来信

这本书就是一本自我疗愈指南

有幸提前读到了《私人逻辑》这本可爱的小书的打印试读本。

说她可爱，一是封面和配图可爱，二是内容可爱，没有高深难懂的理论，而是14个鲜活的生命故事。读这本小书，让你觉得这些人就坐在你的对面，敞开心扉跟你畅聊。

说她小，是因为字数少、页数少，读起来很轻松，一两个小时就可以读完。

读完合上书，会心一笑，浑身轻松。

这14个故事涉及各种人际关系：手足之争、夫妻关系、同事关系、与合伙人的关系、与下属的关系、与自己的关系，涉及各种人生阶段：婚恋期的迷茫、初为父母时的忐忑、创业路上的烦恼、退休前后的无助与孤独等。

他们是他们，也是你和我，我们可以读别人的故事，品自己的人生。读这本书的过程中，我忍不住在心里喊“是的，我也这样，嗯嗯，我也是我也是……”

像书中的14个主人公一样，我们在生活中会经历各种挫折、烦恼，生活中的难题一个接一个出现，我们应该如何应对呢？这本书教我们一招制敌——挖掘童年记忆里的珍宝，这就是我们解开各种难题的万能钥匙。

看这本书的过程中，我的两段童年记忆浮现出来：

我五六岁的时候，有一次我们一家五口到地里拔草。我跟姐姐、妹妹起了冲突，又不服妈妈的管教，妈妈追着要打我，我很害怕，拼命往前跑。我感觉路边有很多人在看我，我觉得好丢人现眼，想停下来但又不敢，怕挨打，只好硬着头皮继续往前跑！

这件事发生后的一天，我去邻居开的小卖部买东西，同村的一个人看见我说："这闺女真乖啊！"邻居说："乖什么啊，被她妈追着打！"我当时听了羞愧得想找个地缝儿钻进去。

在这两段记忆中，那时的我做了一系列决定：

我会把别人惹怒；

我无法保护自己；

周围是不安全的；

周围的人会随意评判我；

而我无力改变，只能默默承受；

我必须做个让别人都说好的乖乖女。

这些我们小时候对周围的人、事、物做出的决定（或者说判断），形成了一套合乎逻辑的信念，虽然我们已经长大成人，但这些信念一直影响着我们的生活，这就是私人逻辑。

上述决定确实一直困扰着我的人际关系，我经常表现得唯唯诺诺，像个害怕惹怒他人的孩子；我也很在意别人的评判，我这个人好还是不好需要别人来定义。

看完这本书，我知道我现在能做的是觉察—接纳—允许，抱抱那个五六岁的自己，跟她说："跟姐姐妹妹起冲突是很正常的事情，被妈妈追着打不代表你不好，别人因此否定你是因为他们不够了解你，你已经足够好了！""不管发生什么，我会永远支持你，会永远陪伴在你身边。"

我看到她含着眼泪笑了。

现在心理咨询越来越被大众接受，但大家普遍认为只有"我"真的有病了才需要去咨询去治疗，其实我们完全可以学一些简单的自我疗愈方法来"治未病"。

这本书就提供了这样一种简单、有效、易操作的自我疗愈方法：

描述当前困扰自己的问题→找到一段童年回忆→发现两者之间的联系→觉察、接纳、允许→用魔法棒等自我鼓励的方式疗愈内在小孩。

然后，回头再看原来困扰自己的问题，很可能已经不再是一个问题了。

我觉得这本书是一本既专业又实用有效的自我疗愈指南，推荐给追求幸福、渴望自我疗愈、自我成长的你们。

安心

目录
CONTENTS

序言

序言

揭示过去，理解现在，创造不同的未来

一名乞丐在街头乞讨了30年，他认命了，认定乞讨是自己一生的宿命。

有一天，一位陌生人走过街头，看到乞丐捧着一顶帽子，口中喃喃道："可怜可怜我吧，给我点钱吧！"

陌生人说："我什么也给不了你。"接着他又问："你坐着的是什么东西？"

乞丐回道："什么也不是，就是一只旧箱子。一直以来我就坐在这箱子上。"

陌生人问："你有没有打开过箱子？"

“没有，从来没有。”乞丐说，“有什么意义呢？里面什么也没有。”

陌生人坚持道：“请打开箱子看一看。”

此时也没有别的事可做，乞丐就打开了箱子。箱子打开的瞬间，乞丐又惊又喜——这只箱子里满是金币！一直以来，乞丐守着满箱的财富不自知，却以为自己终其一生都会陷于穷困，只能靠乞讨才能活下去！

这是关于生命的完美隐喻。我们太多人终其一生都在寻找答案，期待他人能够帮助我们、指引我们，却未曾意识到我们守着满箱的珍宝——童年记忆便是我们最珍贵的财富，里面蕴藏着无穷的宝藏和未来生活的路线图。我们在成年生活中所遭遇的重重困境，缘起便是我们的童年经历。我们的记忆始终在警醒着我们，让我们尽可能地去规避伤害，抑或是鼓励我们，继续运用某一特定的思维或者行为模式来度过人生。如果无法觉察我们在童年时期所做出的种种决定并把握主动权，我们就无法改变童年时的人生决定。

一想到要去大上海带导一个培训课程，艾米丽便深感不安。在艾米丽心中，上海就是中国的曼哈顿。她说：“我觉得上海人既时髦又精明，他们会笑话我，还会刻薄地对待我。我在北京已经生活了13年，我曾是一名现代又摩登的大学老师，也是相当成功的培训师和创业者，但对于去大上海授课这件事，我始终感觉不自在。”

为帮助自己更好地面对这一困境，艾米丽开始在童年记忆里进行搜索。

“我回忆起童年的一段往事。曾经我是一个乡下小姑娘，为了到城市里接受更好的中学教育，爷爷奶奶跟我一起搬到了城市生活。有一天，班主任来家访，她对我奶奶说：‘你应该带艾米丽理个发，还要盯着她经常洗头发。’听到老师的话，我记得自己当时感到很吃惊，也很羞愧。我没办法跟城市孩子真正打成一片。在我的记忆里，城市意味着美好与洁净，而我既不卫生又不时髦。我感到害怕，也很没有安全感。

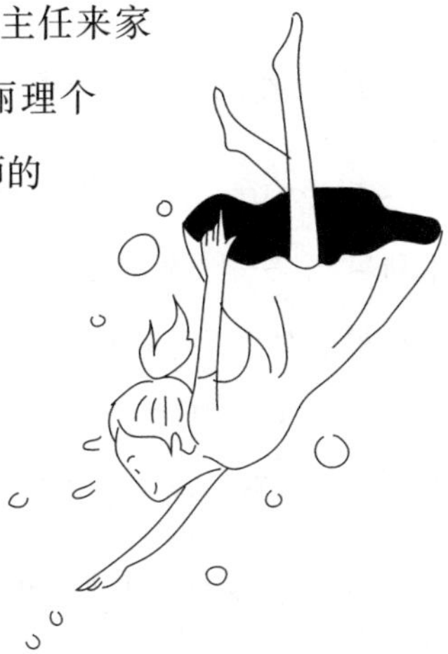

“一旦我在童年记忆里看到了自己的‘大上海情结’，我便开始启动想象力，用一支魔法棒改写了这段记忆。我看到童年的自己被一群不是那么整洁的中学同学簇拥着，他们跟我一起玩笑，我们都很开心。”

如果你身边恰好有一支魔法棒的话，童年记忆可以随时被改写（其实，一支铅笔就可以代替魔法棒来起到神奇效果）！

针对童年记忆做工作，最奇妙的部分就是挥动魔法棒，施展魔法之力！我们能够改写在孩童时代绘制的人生地图，经由改写，为我们当下的成人生活打开更多新的可能性和路径，从而让我们能够为自己的人生故事创造新的结局。

此刻，你的脑海里是否跳出了一段记忆？

这段记忆想要对你诉说些什么呢？

从记忆里，你能学到什么，以支持你面对当下的困境呢？

想象你是一个三岁的幼儿，你的爸爸妈妈从医院里回来，带回一个新生儿——你的小弟弟。爸爸妈妈抱着小婴儿，不停地笑啊，咿咿呀呀跟他对话，还在他的脸颊上亲了又亲。然后他们对你说："瞧，你有弟弟了。快过来亲亲弟弟。"你哭着跑进别的房间，躺在地板上，乱滚乱踢，怎么也不肯起来。

那一刻你在想什么？我来猜一猜："如果我真的很好，他们为什么还要再生一个宝宝？他们不爱我了，也不想要我了。"对你或者其他三岁的孩子来说，产生这样的想法完全是合情合理的，并且不管大人们怎么苦口婆心给你讲道理，你依然会坚定地认为你的想法是正确的。

这就是私人逻辑的缘起——针对发生在周围世界的事物，你所产生的无意识反应——私人逻辑是你在孩童时所做出的决定，并且在成年之后你依然对这些决定坚信不疑。在幼年时期，甚至在会说话之前，孩子们便在无意识中做着各种各样的决定。一旦做出了决定，这些决定便被封存于大脑中，在"需要"的时候，这些决定会以"锦囊妙计"的方式跳出来，来帮助个体建立对于周围世界的意义。我们把这些决定命名为"私人逻辑"或者"操作系统"[①]，这些决定对于每

---

① "私人逻辑"和"操作系统"这两种说法在本书中是可以相互替代的。——作者注

一位个体来说都是独一无二的。

在婴幼儿时期所形成的私人逻辑会帮助你解释并理解周围的世界，但这并不意味着你的解释和理解是正确的。而通常的情况是，你会相信你的想法和信念，并在不知不觉中背负着它们行走在人生道路上。

尽管普通的观点认为基因遗传（先天天性）和环境（后天养育）影响人格的发展，而且先天天性和后天养育确实在人格形成中起到了一定作用——但是，正是你的创造性解释，以及对自己周围发生的事物所做出的无意识决定，能更好地解释你是如何形成你的私人逻辑的。没有人能迫使你以你特有的方式来思考，你的想法也不是继承得来的。生活处在不断的变化中，你需要理解生活是怎么一回事儿。在你很小的时候，你根本不知道自己在创造着一套繁复的体系，来解释你是谁、他人和生活是怎样的，以及你需要做出怎样的行为。你的私人逻辑便是你的应对模式，以及你和生活之间互相作用的模式。

我们之所以称之为私人逻辑，是因为它是私人的，是个体所有的。私人逻辑包括了一个人有关自己、他人和生活是怎样的，或者“应该”是怎样的信念，以及个体基于这样的信念必须或者应该如何做。你的系统只能顺利运行到某种程度，当你成年后，这个系统的运行状态就没那么良好了。如果未曾遭遇挑战，你的私人逻辑会限制你的生活选择和可能性。如果你受制于一个操作体系，只能以唯一一种方式来活出自己的话，你会在各种各样的关系中陷入冲突。想要在生命中拥抱更多的选择和可能性，你就需要升级你的操作系统！

幸运的是，你可以做出新的决定，这些决定能够导致你产生新的行为，并得到新的结果。如何升级操作系统？我们所采用的方法就是帮助你和你的内在小孩交朋友，了解你的内在小孩做出了怎样的决定，他是如何思考和感受的，以及该如何鼓励内在小孩成长。

在后面的章节中，你将学习如何发现自己的私人逻辑，并运用我们所说的3A模式——觉察、接纳和行动三个步骤来改善你的生活和人际关系。你将会看到其他人是如何运用这样的流程来处理当前的问题并脱离困境或走出困境的。

笔记

发现你的内在小孩

第一章

发现你的内在小孩

本书的关键是帮助你发掘你的私人逻辑——你在孩童时期无意识中所做出的自己都不知道的决定，并觉察到它的存在，然后接纳这是你曾经的决定，而且你的行为是以你在孩童时所做出的如何解决人生中的问题的决定为基础的。有了对过往的觉察，以及对过去如何塑造了当下的现实和情境的接纳，最终一幅完整的画面会展现在你眼前。运用升级的操作系统，你就有机会采取行动，帮助自己创造一个更加美好的未来。觉察、接纳和行动就是我们所说的3A——你改变的三个步骤。

如何发掘并改善你的私人逻辑？我们推荐运用的步骤很简单。首先，想一个当下困扰你的事件或问题，然后回忆一段童年记忆——

即便这段记忆跟你当前的问题似乎没有任何关联，或者看似没有什么意义。写下这段记忆。你现在就踏上了发现你的内在小孩的旅程！在写下这段记忆时，要确保用这样的句子开头——“我记得有一次……”，而不是“我们过去总是……”。举例来说，从下面这段话里面，你能够了解到有关自己的私人逻辑的大量信息：“我记得有一次我去了奶奶家，她给我炸了香肠。我感到自己是被爱的，我认为我很特别。”而如果你的书写是这样的：“我奶奶过去经常给我炸香肠。”从这句话中，则很难提取到有关私人逻辑的有效信息。

为了与你的内在小孩交朋友，要假装这段记忆是属于别人的，并列出一个清单——猜测那个人是如何看待他自己、他人和生活的，并由此猜测他是如何解决问题的。把你的猜测写下来。如果有几个朋友和家人和你一起做头脑风暴进行这种猜测，效果会更好。要确保把你们所有人的头脑风暴结果全都记录下来，你也可以邀请别人帮忙记录。这个步骤将会帮助你了解你的内在小孩是如何思考和感受的。为鼓励你的内在小孩，并帮助这个内在小孩成长，要审视列出的所有猜测，并圈出在当时那个时刻对你来说感觉最“对”的。

接下来，问你自己，如果什么都不改变，像当前这样的问题或者困境在未来会怎样？写下你的答案。

现在你已经意识到了你的决定，你能否为帮助你的内在小孩成长而不带评判地接纳你的决定？接纳通常是3A中最难做到的步骤。你总是可以对自己说：“是这样，就是这样，无论怎样我都爱你；或者，发生的事情已经发生了，事情就是如此，但这不会成为我一生的模式。”在你准备好制订一个新的行动计划，并形成一条通向未来的新路径之前，接纳是你需要迈出的至关重要的一步。

要制订一个行动计划，你可以寻求建议、帮助，或者开启一个新的视角。如何才能做到这一点？在这里，我们有一些建议：

- 你可以想象一个画面，成年的你抱着你的内在小孩，把他或她放在膝头，或者让他或她挨着你坐在沙发上，对他或她进行鼓励。
- 你也可以使用魔法棒道具，或者幻想自己有一根魔法棒。请向自己发问：“如果我有一支魔法棒，我想要开启怎样的改变？”写下你可能改变的事情的清单。选择其中的一个或两个，并尝试花一天或者一星期时间去做。记录你做到的“改变”，以便在一天或一周之后对照你的“改变”清单做回顾，并评估你的进步和收获。请把进步和收获记录下来。
- 如果身边有值得信赖的人，并且他理解你想要帮助自己的内在小孩成长，你也可以从他那里寻求建议。

在这里分享一个故事，我们一起来看一看，被“内在小孩”主导并掌控着人生的弗朗西，如何运用这一流程来了解她在当下经历中的想法、感受和行为。

弗朗西：手足竞争

现在

当前问题：弗朗西和弟弟都已成年，弟弟比她小五岁，她痛恨自己与弟弟的关系。她很不喜欢自己对弟弟的感受和行为。随着一次家庭聚会的临近，弗朗西很想找到改善跟弟弟沟通的方法，进而改善两人之间的关系。

过去

童年记忆：当弗朗西在记忆中搜寻让她身陷困境的私人逻辑时，浮现出来的童年记忆是："当时我大概十岁左右。有一天，父母都上班去了，只有我和弟弟在家。我一边要照顾他，一边还要洗衣服。当时我想，他不用像我这样干这么多家务活，我感到很生气。于是我就想到了一个办法来扯平。我偷偷藏在一堵墙后面，他找不到我了，吓得大哭起来。他刚哭出声，我马上就现身了。但是，因为他哭了，我感到很内疚。"

弗朗西的私人逻辑（猜测弗朗西有关"我""他人""生活"，以及"因此……"的信念）：我们提出了一些她的内在小孩所具有的可能仍在起作用的信念，正是这些信念导致她难以改善与弟弟的关系：

当我必须要为他人负责并且付出比他人多的时候，我很生气。

他人比我弱小。

他人需要我并且依赖我。

生活是不公平的。

因此，我要找到一种办法扯平，然后又感到内疚。

我们问弗朗西，她是否能够意识到内在小孩的想法依然在今天发挥着作用，扰乱了她跟弟弟的关系。她很清楚这种联系，她说：“我对童年记忆和当前的情形有同样的感受。我清楚地看到他没有做什么，他还是一副游手好闲的样子，没有真正长大，也没有变得独立，没有能力照顾他自己，更不用说照顾其他任何人了。我感到很生气，但对他的评判也让我感到内疚。”

未来

如果一切照旧，这在将来对她来说意味着什么呢？弗朗西说：“我会继续客客气气的，但是我们之间的沟通会停留在很肤浅的状态。当我试图跟他聊聊他目前的生活时，我们之间的氛围可能会变得紧张起来，让我们都很不自在。”

3A

接下来，我们请弗朗西谈一谈她的“3A”。她是这样说的：

觉察：“我仍然在像弟弟的第二个妈妈那样与他相处，并且感到很内疚，因为弟弟之所以成为现在这个样子，可能受到了我的影响。虽然我所接受的培训正在帮助我变得更能接纳，但在内心深处，我依然感到很生气。”

接纳：“我是典型的排行老大的孩子。我的思维和对待弟弟的方式，就是人们通常所认为的老大的典型做派。哈哈，我是完全正常的人类！手足之间会对彼此产生影响，这是无可避免的，但这不是任何人的错。”

行动：“最近我工作得很努力，接下来我只想好好放松一下，不再为其他人做自我牺牲了。我只想简简单单地跟家人团聚，不想那么多了。”

建议

我们建议弗朗西记住：“内疚等于‘应该’。”并问她：“你心目中的‘应该’有哪些？”她说：“我应该成为一个更好的姐姐，我应该对弟弟更多关心和爱护，我应该多多地帮助他。”当我们抱着“应该”的想法去生活时，我们往往会感到怨恨，因为这些“应该”不是我们真正想做的。我们需要把我们的“应该”转变为“我想要……”“我将要……”“我将……”或者“我能……”，这样，我们就能避免怨恨，并且在鼓励的心态中前进。

与内在小孩对话

另外，我们建议弗朗西想象自己坐在10岁的内在小孩身旁，揽住小女孩的肩膀，并告诉她：“在你那么小的年纪就要承担那么多，确实很不容易，你感到生气是正常的，生气也没关系。你就是你，你不需要为任何人的人生负责。你做的既负责又善良，你已经做得足够好了。”

现在该你了

为进一步认识你自己，请填写完成下面的表格。请按照前面的说明进行。在“私人逻辑”和“建议”部分，你可能想邀请朋友或者家人帮助你做头脑风暴。

姓 名：________________　　　　　　　　　　日 期：________________

现在

当前问题：____

____

____

过去

童年记忆：____

____

____

私人逻辑

我：____

他人：____

生活：____

因此：____

未来

如果一切照旧：____

____

____

3A

觉察：________________

接纳：________________

行动：________________

建议

魔法棒：________________

想法：________________

与你的内在小孩对话：________________

____

____

____

我必须表现得很好

第二章

塔玛拉：维持无懈可击的“乖乖女”形象

现在

当前问题：塔玛拉在安排自己和恋人伊沙克的日程，而伊沙克正在美国西海岸和东海岸之间旅行，并且已经走了很长时间。伊沙克每月会在波士顿待十天，会趁着出差跟家人团聚。因为伊沙克能够做到出差和家人团聚两不误，塔玛拉对此感到既羡慕又嫉妒，但她不敢向伊沙克表达自己的想法。

过去

童年记忆：塔玛拉脑海中浮现出的一段鲜活记忆，是一个很好的例证，说明一段看似偶发的记忆实际上跟当前问题有着紧密的关联。

塔玛拉说："我记得大概在我6~9岁时，我住在伯克利的时候，有一次，我们在逛玩具店。那天，我刚刚参加完一个生日派对，我们每个人在派对上都得到了一串塑料珠项链。我戴着那串项链，忽然很害怕有人会认为这条项链是我从店里偷的。我太害怕了，以至于摘下项链，把它放在了玩具店的货架上。"

塔玛拉的私人逻辑：塔玛拉说："当我思考为什么我那么相信人们会认为我偷了这条项链时，我意识到，过去我一直相信人们通常会把别人往最坏的一面去想，而我的职责就是要证明我很好。所以，我需要证明自己是好的，努力不让别人把我想歪了。我想要每个人都给我好评——始终认为我是好的、完美的、最棒的。有时候，我也想使个坏或者偷拿点东西，但是我又害怕有人会看穿我的心思，这就是为什么我觉得大家会认为是我偷了项链。所以，我相信我必须一直表现得很好，不是因为我自己本来就很好，而是因为我很在乎别人对我的看法。"

塔玛拉很精准地找到了她的私人逻辑，所以我们的猜测工作就变得很简单了：

我需要表现得很好。

我想要每个人都给我好评。

有时候我想要使坏或者偷拿东西。

别人会看穿我的心思。

别人会把我想得很坏。

生活对我来说，意味着要努力证明我表现得很好。

因此我必须一直表现得既好又棒还完美，这样就没人会把我想歪了，然后大家都会给我好评。

未来

如果一切照旧： 塔玛拉意识到，如果她不改变一直延续到现在的童年信念，未来她会陷入疲于奔命的状态：她需要仰仗持续不断地表现好和牺牲自我，来确保其他人觉得她是个好人，而不会把她看作是干坏事的坏女人。这将付出额外的努力来寻求他人的尊重与认可，因为她相信她不够好。

这会让人疲惫不堪，对不对？下面是塔玛拉总结的3A：

3A

觉察： “我很清楚地意识到，我做的那么多的事情，都是为了顾及别人可能对我怎么想。我意识到我对自己的评价不高，甚至我对自己的动机和意图评价都不高，我疯狂地忙得团团转，试图控制他人，控制他们对我的感受和看法。我忙于进行形象管理——我所做的一切都是试图要管控他人对我的看法。”

接纳： “我接纳我的动机全都聚焦于管控他人对我的看法，我很在意别人对我的看法，我因为太在意个人形象，而不能允许自己偶尔满足个人的愿望，我担心这样做会被认为是‘自私’。”在那一刻，塔玛拉做了个鬼脸，她深吸了一口气，然后说：“唉，要不带评判地全盘接纳这些真相真的很难。不过我知道接纳意味着只是承认真相，而不是对其做出评判。评判很容易让我陷入过去的模式而裹足不前。”

我们提醒塔玛拉，为向前迈进而采取行动需要以现状为起始点，而不是以她希望或者认为自己应该所处的位置为起始点。

行动：塔玛拉说：“我需要努力尊重自己，并始终记得我是一个好人，我不必在每个方面都做得完美，让大家觉得我很好。我可以专注于我想做的事情，并且不再由别人决定我该怎么做。我会努力拿出勇气，以我想要的方式做事或者要求我想要的（比如跟伊沙克说，我偶尔也想和他一起旅行并看望他的家人）。我可以告诉自己，如果我没办法尽全力做好所有事情，那也没关系。”

建议

想到塔玛拉那么努力想要控制其他人的想法和感受，我们就为她感到心累。我们提醒她，不同的人想法各有不同，他人的想法可能跟我们大相径庭，甚至他们所关心的事情可能跟我们所关心的风马牛不相及。

与内在小孩交谈

我们建议塔玛拉跟她的内在小孩说：“你一定感到非常害怕和

难过。我知道那种感觉，你并不孤单。有这种感受没关系。我会陪着你，我相信你。你已经足够好了，我信任你。”

现在该你了

为进一步认识你自己，请填写完成下面的表格。请按照前面的说明进行。在“私人逻辑”和“建议”部分，你可以邀请朋友或者家人帮助你做头脑风暴。

姓 名: ________________　　　　　　　　日 期: ________________

现在

当前问题: ____

____

____

过去

童年记忆: ____

____

____

私人逻辑

我: ____

他人: ____

生活: ____

因此: ____

未来

如果一切照旧: ____

____

____

3A

觉察：______

接纳：______

行动：______

建议

魔法棒：______

想法：______

与你的内在小孩对话：______

______

______

______

你天生如此完美

我深深地 全心全意地爱着你

第三章

凯特：与身体形象的斗争

现在

当前问题：凯特最大的问题就是自尊，或者就像她所说的——缺乏自尊。她向我们描述了她如何认为自己的身体“糟糕并令人沮丧”，如何担心别人对她的看法，以及如何相信她无法像世界上的大部分人那样享受人生。自从她和丈夫开始用试管婴儿手段来生育后代，整个治疗过程和激素的变化给她的身体和情绪都带来了巨大影响，随之而来的就是体重的显著增加。凯特感到对局面失去了控制。她不能进行身体锻炼，而这是她常用的呵护情绪和身体健康的方法，更不用说这是她应对压力的一种有效方法了。她说：“这让我的精力变得很差，也让我的生活变得更加艰难，所以我被迫接受我目前的样子和处境。我感到特别沮丧，终日忧心忡忡，而且感觉自己深陷泥潭，无法自拔。”虽然她清楚地知道，现在她所经历的大部分困境都是暂时的，但她依然充满了自我怀疑，并且不敢照镜子。

过去

童年记忆：一段记忆很快浮现出来。“我读五年级的时候，我妈妈在家里为我举办了一场泳池派对。我的一大帮朋友都来了——大概有十几个人。那天天气很热。我穿了一件黄色的泳衣，黄色是我最喜欢的颜色，我的头发短短的，就像波波头的发型。大多数女孩儿那天晚上都住在了我家。那天非常好玩。我努力融入大家，这对我来说一直都很难。我感到很孤独、被误解，我很不自在。”

凯特的私人逻辑：我们跟凯特一起做了头脑风暴，对她的内在小孩做出的决定做了猜测：

我很在意我的长相。

朋友们对我来说很重要。

无论多么努力，我始终无法融入。

我感到被孤立、被误解、很不自在。

别人比我更放松。

别人喜欢跟我一起玩。

生活就是要想办法融入。

因此我努力跟他人一样，想办法做好。

未来

如果一切照旧：凯特不想在人生中继续感到孤独、被误解、不自在，她很担心如果无法做到更多的自我接纳，自己未来的生活会怎样。

3A

觉察：凯特说，她想要融入大家的愿望常常跟自我接纳发生冲突。她意识到，尽管她的这种状况是暂时的，但她总是会陷入同样的有关自我形象的问题中，并且总是有同样的目标和期待：要外表好看，并要融入大家。

接纳：凯特说："我是一个很在意他人和自己眼中的自我形象的人，而不是在意我内在的快乐感受。我有做出改变的技能，但我至今并没有做出改变。"说完这些话，她忧心忡忡地叹了一口气，皱起了眉头，接着她又深吸了一口气，然后点点头。从这些细微的表情中，我们看到接纳实实在在地发生了。

行动：凯特决定努力接纳当下真实的自我状态。"我可以专注于正念和日常生活，而不是运动和减肥。"

凯特沉思了一会儿，然后说："我曾一次又一次重复做着同样的事情，并期待能有不同的结果，最终让我感到很沮丧。我可以努力追求坚持不懈，而不是努力追求完美。要是有人想要对

我的生活指手画脚，我只需要回应一句‘好吧’，然后继续遵从我自己的热情并坚持下去。我不再去担忧可能的失败，我会尝试新事物，要是结果不如我意，跟我所期待、计划、准备的有差距，我也能够坦然接纳。”

建议

我们建议凯特尝试用一支魔法棒来鼓励自己，以任何她希望的方式改写童年记忆或者现实情境。她俏皮地一笑，一把抓住我们递给她的顶部装饰着一颗海星的金色“魔法棒”，并且说：“我的想法正在发生变化，这让我感到如释重负。现在，当我想到我的未来时，我看到了一个健康、快乐的自己，那个自己如此放松，没有了焦虑和压力。我看到朋友和家人簇拥着我，我每天都会盛装打扮自己，我感到自信又自在。我想象自己正要参加一个盛大的活动，对于自己的形象和整体的面貌感觉良好。最重要的是，我不再担心我会说错话，我也不再在意大家会如何看待我了。”这就是魔法棒的魔力所在，所以我们说：“如果你能想象到一个事物，你就能把它创造出来！”

我们告诉凯特：“有一天，当你把那个小宝宝抱在怀里，只要你随其自然，一切都会发生改变。如果你允许她引导你并重新塑造你，你就会以自己从未想象过的方式成长，你的人生会焕然一新，你的整个视角都会发生改变。”

与内在小孩对话

我们建议凯特跟她的内在小孩一起漫步、谈心，就像跟那个即将被她拥在臂弯里的新生儿小宝宝那样柔声细语地说说话。“你是如此完美，你天生就是如此完美，我深深地、全心全意地爱着你。”

现在该你了

为进一步认识你自己，请填写完成下面的表格。请按照前面的说明进行。在“私人逻辑”和“建议”部分，你可以邀请朋友或者家人帮助你做头脑风暴。

姓 名: ________________　　　　　　　　　　日 期: ________________

现在

当前问题: ____

____

____

过去

童年记忆: ____

____

____

私人逻辑

我: ____

他人: ____

生活: ____

因此: ____

未来

如果一切照旧: ____

____

____

3A

觉察：____________________

接纳：____________________

行动：____________________

建议

魔法棒：____________________

想法：____________________

与你的内在小孩对话：____________________

关系推动变化

最有效的治疗是人类的爱

第四章

碧琳达：退休后的人生

现在

当前问题：从社会服务生涯中退休后，碧琳达离开了她生活几十年的小镇。曾经在这座小镇里，她成家立业，把孩子们养育成人。如今，她迁居到了数百英里之外一个无亲无故的城市里。之所以选择迁居，一方面是因为她微薄的养老金可以负担这里的生活成本，另一方面，这里距离她的儿子和一个最亲密的朋友只有几个小时的车程。但是，在日复一日的生活中，在被碧琳达视为“保守文化”新环境中，她感到了孤独与疏离。她希望找到与她有共同兴趣和价值观的人，并发展一些新的关系。

她说："我喜欢生活在原来的小镇，是因为那里有很多喜欢我的人，那是一个我和周围的人拥有相同价值观的社区。现在，这一切都随着我的迁居而改变了，我发现我跟周围的人有着非常不同的价值观，这让我感到格格不入。我发现我要特别小心，不能轻易向别人展露真实的我。"

过去

童年记忆： 碧琳达无法与童年记忆做连接。她的大脑一片空白。有时候，在做童年回忆时会出现这样的情形。如果你只能回想到过去几年里发生的事情，那也没关系，这样的记忆联想同样有效。碧琳达分享了这样一件往事："大概一年前吧，我像往常一样，下班后跟朋友贝弗利一起，带着我们的两条狗散步。我们一边走，一边分享各自一天的经历，其间笑声不断，好像每经过一个街区都会留下我们的笑声。我感到很平静、愉快，有一种身心健康的通透感觉。"

碧琳达的私人逻辑： 我们对碧琳达的私人逻辑进行了如下猜测：

我聊起天来无话不说、无所不谈。

我跟志趣相投的人情谊深厚。

他人跟我拥有一样的兴趣和价值观。

生活是一个我可以跟志趣相投的人一起放声大笑、一起锻炼的地方。

因此，我感到放松、自在，并且会无拘无束地分享浮现在心头的所有想法。

目前，她迁居后的生活跟以上私人逻辑里所呈现的一切大相径庭，她感到不快乐。一个人对于生活应该如何的信念与现实之间的差距，就是“压力”。现在，碧琳达认为自己与新的社区和邻里之间有着较大的文化差异，而这一认知让她感到了压力。

碧琳达的儿子新婚不久。他的太太是一位笃信宗教的人，严格遵守教义和教规，并且坚定地认为同性恋是反自然的，也是有罪的。虽然碧琳达的儿子在原生家庭里接受的是人文主义价值观的熏陶，但现在，他皈依了妻子信仰的宗教。碧琳达感到，如果她坦率地说出自己与儿子和儿媳宗教信仰不同的观点，有可能会面临跟儿子一家关系日渐疏离的风险。

未来

如果一切照旧：碧琳达未来会面临孤独与孤立的状态。她害怕如果不断地以自我真实的面貌示人，她不仅在目前的社区很难交到亲密的朋友，同时，她也很难跟儿子、儿媳以及孙辈们和睦相处。

3A

觉察：碧琳达说她喜欢生活在原来的小镇，是因为身边有很多喜欢她的人——在那个社区，大家都拥有一样的价值观。“这一切都随着我的迁居而改变了，我发现我跟周围的人有着非常不同的价值观，这让我感到格格不入。我发现我要特别小心，不能轻易向别人展露真实的我。”

接纳： 碧琳达说：“我与那些和我有同样的想法并且拥有同样价值观的人相处，感觉会更舒服。跟他们在一起，我感到自由又快乐。不过现实是，我确实居住在一个跟我有文化差异的社区，并且很亲密的家人的宗教信仰跟我的也有很大不同。我不想掩盖真实的自己，也不想撒谎，因为掩饰与撒谎让我感到很不自在。”

行动： 在思考可以迈出怎样的一小步时，碧琳达说：“或许我的标准太过僵化了，我的人际圈子也太小了。我可能需要来一点小冒险，跳出我所熟悉的环境，主动创造我想要的生活状态。与跟家人或朋友待在一起相比，参加‘女性的三月’[①]组织的活动是我最快乐的事情。我从参加这个活动中收获了很多，而且我不是独自一人。‘女性的三月’是一个很大的团体，但她们还没有从我原来住的小镇来到目前的城市；我可以回到原来的小镇参加她们的活动。”

建议

我们也给碧琳达提供了一些新想法：把视野投射到非此即彼之外的地方，寻找到一个处于两极之间的可能性。在脸书（Fackbook）和“女性的三月”网站上寻找附近志同道合的朋友。自己创立或者加入一个团体：游戏团体，女性团体，或其他活动团体等。

① The Woman’s March“女性的三月”是美国女权组织。——译者注

现在该你了

为进一步认识你自己，请填写完成下面的表格。请按照前面的说明进行。在“私人逻辑”和“建议”部分，你可以邀请朋友或者家人帮助你做头脑风暴。

姓 名: ________________ 日 期: ________________

现在

当前问题: ____

____

____

过去

童年记忆: ____

____

____

私人逻辑

我: ____

他人: ____

生活: ____

因此: ____

未来

如果一切照旧: ____

____

____

3A

觉察：____

接纳：____

行动：____

建议

魔法棒：____

想法：____

与你的内在小孩对话：____

____

____

____

我要告诉你
我爱你原本的样子

第五章

莫莉：与合伙人的决裂

现在

当前问题： 莫莉正在经历与两个工作伙伴的痛苦决裂。虽然他们已经好聚好散，但是在分开之后莫莉认为自己被背叛了，并且感到很伤心。莫莉决定再也不跟这两个人合伙共事了。

过去

童年记忆： 莫莉记得，小时候在家乡的小村子里，她有两个好朋友。跟大部分小女孩一样，敏敏、妮妮和莫莉三个人轮流成为彼此最要好的朋友。似乎总是只有两个人是最要好的朋友。最要好的两个人会聊很多事情，包括说第三个人的闲话。莫莉一直认为敏敏是自己最好的朋友，尽管她们两个经常发生争吵。有一天，莫莉意识到敏敏和妮妮更亲密，并意识到敏敏跟她不再说话。后来，敏敏一家搬走了。

在莫莉十几岁的时候，敏敏一家又搬回到了莫莉的村子，但她们仍然相互不说话。如果两个女孩在大街上遇到，她们也会假装没有看到对方。即便莫莉后来离开家乡去上大学，当她回家度假的时候，她也做不到跟敏敏简单地打个招呼，自然地聊几句就更不可能了。

在记忆中，莫莉看到那时的自己总是一副郁郁寡欢的样了，她要么独自坐在教室里的座位上，要么在小巷里默默地游荡，她觉得自己被朋友抛弃了，内心很孤独；同时想着自己的那两个朋友正在背地里说她的坏话。她曾经相信当她们三个人告诉对方她们将永远是好朋友时，她们会信守诺言。否则，那将是一种背叛。一旦女孩们不能遵守承诺时，莫莉就会觉得这一切都是针对她的，并认定这两个朋友不道德，不值得信任。

莫莉的私人逻辑：当这段几乎被淡忘的记忆忽然跳出来时，莫莉几乎大哭起来。她以前不知道自己仍然会因为这种对信任的背叛而伤心。她更深刻地理解了自己的私人逻辑，并认识到这样的私人逻辑如何影响着她当下的生活。下面是我们对莫莉的私人逻辑所做的猜测：

我信任他人。

他人应当值得信赖，并且遵守承诺。

生活意味着他人会背叛我的信任。

因此，我跟他人决裂。

未来

如果一切照旧：莫莉之前并没有意识到，她在童年时期做出的决定给她的成年生活带来了多少困难。她想起自己在一位亲密的朋友和同事开始不断爽约并且不回她的电话时，她跟这位朋友断绝了关系。她们有两年没说话。莫莉很清楚，如果她不做出改变，她从童年时便执着的信念会让她失去未来许多宝贵的盟友和关系。她担心没有人会喜欢她，并且她会缺乏支持或朋友。

3A

觉察：莫莉意识到了自己非黑即白的思维，意识到了她要求关系中的双方要100%恪守承诺、盲目忠诚并且任何差错也不能出，并且意识到了她无法忍受任何“不足”，她是最具有道德感的人，并且比其他人都好。莫莉觉察到了自己跟他人断绝关系的模式，这让她产生了强烈的改变欲望。

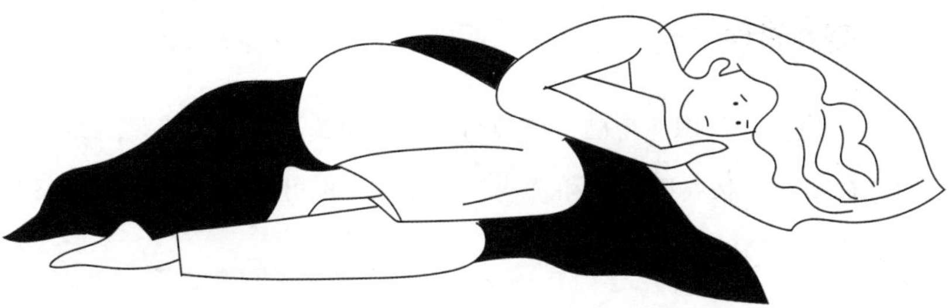

接纳：她接纳自己受伤和孤独的感受，相信自己确实受到了不公正的对待，并遭遇了背叛。

行动：莫莉的觉察和接纳赋予了她行动的勇气。她想到了自己可以迈出的几小步。她还决定每天在起床前数一数自己得到的恩典。她提醒自己拥有美满的婚姻，有深爱自己的丈夫、乖巧的孩子，而且她自己无论内在还是外表都很出色。

建议

我们给莫莉的建议是："不要杞人忧天。"莫莉大笑着说："好吧，这真出乎我的意料，不过琢磨起来倒真是令人受益的建议。我会把它记在心上。"

与内在小孩对话

莫莉假装自己有一根魔法棒，能够穿越时空，去跟六岁的小莫莉说说话并鼓励她。她想象成年的自己跟小莫莉紧挨着坐在沙发上，她说："我知道，你害怕会没有人喜欢你，害怕自己没有朋友。我要告诉你，我爱你原本的样子，我会永远永远跟你在一起。"莫莉感到自己被理解了。她如释重负，流下了眼泪。

现在该你了

为进一步认识你自己，请填写完成下面的表格。请按照前面的说明进行。在"私人逻辑"和"建议"部分，你可以邀请朋友或者家人帮助你做头脑风暴。

姓 名：________________　　　　　　　　日 期：________________

现在

当前问题：____

____

____

过去

童年记忆：____

____

____

私人逻辑

我：____

他人：____

生活：____

因此：____

未来

如果一切照旧：____

____

____

3A

觉察：____________________

接纳：____________________

行动：____________________

建议

魔法棒：____________________

想法：____________________

与你的内在小孩对话：____________________

笔记

问题不是问题
如何解决才是问题

第六章

安妮：我们是否应该离婚？

现在

当前问题：当安妮听到丈夫威胁说因为安妮几乎没有时间与他共处而要离开她时，她惊呆了。她感到震惊和害怕。安妮深爱自己的丈夫，她不想失去他。回想起丈夫说的那番话，安妮意识到，她在工作中总是会陷入一种相同的模式，一旦她参与到一个项目中，她想到的就只有工作，她会把所有的时间和精力都投入到工作中，而忽略工作之外的任何事情。她说："我只是太忙了，根本停不下来。"安妮认识到，她一直以来所采用的旧模式已经危及到了自己的婚姻。

过去

童年回忆：安妮想到一段童年记忆并记录了下来。她记得，在她三岁的时候，有一天，她和一个男孩在操场上玩。她假装自己是一位公主，并想让那个男孩在她扮演公主的时候一直看着她。虽然这段记忆似乎与她当下的情形毫不相关，但安妮相信，这是因为它会为探索自己的私人逻辑提供一些洞见才出现在她的脑海中的。

安妮的私人逻辑：针对她内心的这个三岁孩子如何指导着她与男性的关系，我们做了一番猜测：

如果我像一位公主那样行事，男孩的职责就是看着我。

我在其他人看着我的时候进行扮演。

男孩（男人）应该带着欣赏与迷恋看着我。

当我积极地忙碌时，其他人的注意力会专注在我身上。

生活对我来说，是一个让我既忙碌又投入的地方，而其他人要从我这里得到暗示。

因此，我会保持忙碌的状态，期待别人看着我，并为我喝彩。

安妮的眼神一下子亮了，她同意以上的猜测。“我以前从未意识到，我确实需要有我自己的既定模式，并且需要其他人按照我的模式去做。确实，我和丈夫最近发生过一次争吵，因为他抱怨我不断出差也就罢了，甚至在家的时候，我也常常心不在焉，对他比较忽视。

当他这样说的时候，我感到很愤怒，也很难过，因为我认为他这番话的意思是他不爱我了。后来，我问他，我不在家的时候，他是不是觉得挺孤单的，他微笑着说是的。我从来没有意识到，原来我一直期待着丈夫把我当公主一样对待，他不仅要守候在我身边，欣赏我的忙碌，还要对我说‘干得漂亮！你这么忙我也依然爱你。’”

未来

如果一切照旧： 安妮意识到，如果她依然我行我素，未来她会跟丈夫陷入更多的争吵，他甚至有可能离开她。

3A

我们继续探究，询问安妮的3A是什么。以下是她所说的：

觉察： “我觉察到，有时候我喜欢扮演公主，这种感觉很好。”

接纳： “我接纳偶尔扮演公主没关系，但不能总是扮演公主。”

行动： “我的行动就是，跟丈夫谈谈我对自己的最新认识。”

建议

我们建议安妮与丈夫一起制订计划，确保定期共度夫妻特别时光。特别时光的特别之处在于，它是有计划的、经常性的，同时也是彼此对夫妻关系的承诺。嘴上说要多一些共处的时间是一回事儿，但要做到才行。做出承诺是一回事儿，但以行动遵守承诺则是另一回事儿。

安妮说："对我而言，这意味着我正在朝着正确的方向前进。我想，我和丈夫正在一起努力，我们都想要创造一个新的模式。我认为，通过安排每周共度的特别时光，我们就能朝向正确的方向前进。"

跟内在小孩对话

安妮对她3岁的内在小孩说："在扮演公主的时候，身边有一个小男孩注视着你，你一定感到特别开心，也特别骄傲吧。我跟你一样也很喜欢这样的时刻。小女孩就是喜欢扮演公主，也喜欢被人欣赏，这样挺好的。你想不想让我给你拍一张漂亮的照片？这样你就能永远保留美丽公主的形象了。"

现在该你了

为进一步认识你自己，请填写完成下面的表格。请按照前面的说明进行。在"私人逻辑"和"建议"部分，你可以邀请朋友或者家人帮助你做头脑风暴。

姓 名：________________　　　　　　日 期：________________

现在

当前问题：______________________________

____

____

过去

童年记忆：______________________________

____

____

私人逻辑

我：______________________________

他人：______________________________

生活：______________________________

因此：______________________________

未来

如果一切照旧：______________________________

____

____

3A

觉察：________________________________

接纳：________________________________

行动：________________________________

建议

魔法棒：________________________________

想法：________________________________

与你的内在小孩对话：________________________________

____

____

____

笔记

没有完美的自己

只有完整的自己

第七章

雪莉：与同事陷入了权力之争

现在

当前问题：雪莉跟同事琥珀在工作中发生了冲突。雪莉跟我们描述了事情发生的经过。最近，她们一起开会讨论如何推广公司的培训项目，雪莉说："琥珀抱怨我没有准确地描述每张宣传单页需要放上的内容。她在我面前感到很沮丧，并且她怒气冲冲地说，'我需要细节！'"

雪莉继续说道："我们两个非常不同。有时候我逼迫她太多，给她提供太多的信息，或者要求太多的帮助，这让她备感压力。而当她认为我提供的信息不够清晰时，她会很抓狂，虽然这些宣传单页上的内容在我的脑海中很清晰。"

过去

童年回忆：我们让雪莉回想一段童年的记忆，哪怕它似乎与当前问题毫无关系。雪莉说："四五岁的时候，我跟奶奶住在乡下一个村子里，只有我们祖孙两个人。我的父母和姊妹们都住在城里。奶奶养了一窝小鸡。我们没有自己的农田，因为我太小，而奶奶年龄太大，没人干农活。在记忆中，我带着一块布到附近的农田里捡谷穗，捡到的谷穗要带回家喂我们的鸡。庄稼收割之后，农田里会留下很多零碎的稻谷。农田平整又辽阔，这些田地被划分成了很多小块，每一小块都属于不同的人家，但我可以自由地到任何一块田地里捡谷穗。谷穗是金黄色的。我感到快乐、安心，也很自由，因为我能做我想做的事。我觉得自己很能干，因为我能帮奶奶照顾小鸡。"

雪莉的私人逻辑：从雪莉的童年回忆中，我们对童年时的雪莉所形成的信念做了一些猜测。这些信念可能依然在支配着她的生活，并塑造了她成年后的现实：

我很能干。
我可以通过自己单独做事来帮助别人。
我可以做我想做的事。
他人需要并感激我的帮助。
他人信任我的帮助。
生活充满了挑战，但我能胜任这项任务。
因此，我需要努力做出贡献。

未来

如果一切照旧：雪莉说："我会继续努力工作，成为那个'喂饱我们的小鸡'的人，而琥珀和我将继续产生冲突。她不会感激我的帮助，也不会信任我随时会伸出援手，而我将无法持续做出贡献。我们俩都会感觉很糟糕，结果就是我们不会有大的收获！"

谈到这里，雪莉的眼里闪着泪光。她摇了摇头，跟我们分享了她对于未来的梦想："如果我们相互信任，信任彼此都能做好各自负责的部分，我们就能迎来丰收。我们两个都会努力工作，我们会有很多自我的反思、讨论和改进。我们会在持续学习、工作和探索的同时兼顾家庭的平衡，从而更好地享受生活和工作。这是一幅金灿灿的画面！我不会再独自'喂养我们的小鸡'，而是跟琥珀一起帮助更多的孩子和家庭，就像捡谷穗那样，把事情一桩桩一件件地做下去，贡献给这个世界。"

3A

觉察：雪莉说："我工作的状态跟童年捡谷穗的自己很像，好像我依然需要单打独斗地工作，才能照顾好那些需要我帮助的人。"

接纳："当我认为别人需要我的帮助时，我的内在小孩就会跳出来掌控一切。"

行动："我通过少说话，不再用铺天盖地的信息淹没别人，我会做得更好。我会刻意练习，把要说的每句话控制在10个字以内。"

建议

我们给雪莉的建议是："你一直在用刻板的标准评判他人，而这正是你不快乐和孤独的根源。一种令人惊喜的关系就在眼前。你像一块岩石，你的内心坚定又清晰。其他人可能会对事物有更多的质疑。你要让琥珀加入你的行列。你不要怀疑自己。你是有眼睛的人，她是有腿的人。如果你能帮助她清晰地看见你的愿景，她会不遗余力地与你合作，实现你们共同的梦想。"

和内在小孩交谈

雪莉知道该向她的内在小孩说些什么："收获是金色的，大地是平整的，你可以自由地捡谷穗。你拥有的生活如此美好。你很有能力，也很有才干，你又如此热爱自由。做你想做的事情对你来说很重要，能够为他人提供帮助让你感觉自己很强大。现在，我更懂你了。"

现在该你了

为进一步认识你自己，请填写完成下面的表格。请按照前面的说明进行。在"私人逻辑"和"建议"部分，你可以邀请朋友或者家人帮助你做头脑风暴。

姓 名：________________　　　　　　　　　　日 期：________________

现在

当前问题：______________________________

____

____

过去

童年记忆：______________________________

____

____

私人逻辑

我：______________________________

他人：______________________________

生活：______________________________

因此：______________________________

未来

如果一切照旧：______________________________

____

____

私人逻辑

3A

觉察：________________________________

接纳：________________________________

行动：________________________________

建议

魔法棒：________________________________

想法：________________________________

与你的内在小孩对话：________________________________

____

____

____

笔记

万物皆有裂痕
那是光照进来的地方

第八章

凯西：管理过细的代价

现在

当前问题：凯西感到很挫败，因为人们让她很失望，而且她认定自己不能依靠别人。她知道这只会让情况变得更糟糕，因为她刚刚启动了一项新业务，她不可能靠自己一个人去做每一件事情。

过去

童年记忆：凯西说："记得在我5岁那年，我和爸爸、妈妈还有妹妹在一起玩，这对我来说很罕见，因为我们一家人极少会聚在同一个房间里。当时爸爸跟我和妹妹在一起打闹，妈妈边看边哈哈大笑。忽然，爸爸没有控制好平衡，他摔倒了，他的胳膊砸到了我们的布娃娃床，把玩具床砸坏了。

爸爸的情绪瞬间降到了冰点，他开始生闷气。爸爸没了心情跟我们继续打闹，他气冲冲地离开了房间。我们在玩耍的时候，我感到特别高兴和兴奋，同时也感到有些吃惊，因为我们一家人很少这样聚在一起嬉闹。当爸爸弄坏玩具床的时候，我感到生气、失望和沮丧，甚至还有点绝望。即使在我那么小的时候，我记得当时我在想所有美好的事物都会消失，我没办法相信事情会按照我希望的那样，我不能依靠别人。”

凯西的私人逻辑：我们对凯西私人逻辑的猜测如下：

我不能依靠别人。

当人们很友善时，我会很高兴，但是当人们产生情绪变化时，我会感到害怕和失望。

他人会出尔反尔、阴晴不定，有时甚至很吓人。

他人应该控制好他们自己并且举止得体。

生活对我来说，意味着美好的事物会消失，我

无法获得他人的帮助和支持，对我来说最好的办法就是亲力亲为，并且要为他人付出。

因此，我必须成为一个始终如一、可靠、出色的人，我要按时完成份内事，还要为他人做事。

未来

如果一切照旧：凯西说："我意识到我一生都在保持着这样的信念。如果未来我不做出任何改变，我可能会陷入努力再努力的恶性循环。我要始终保持良好的工作状态，像个机器一样不停地连轴转，同时又对自己的处境感到悲哀。还好，现在我对自己有了更深的了解。"

3A

觉察：凯西说："这个活动给了我很大的帮助，因为这让我意识到，我为了掌控人际关系会不自觉地过度付出。"

接纳：凯西意识到，她对那些让自己事无巨细地管理每件事的人真的很生气，她对自己也很生气，因为她在力图成为众人的英雄时，忽视了自己的感受和愿望。

行动：凯西决定放松下来，并信任他人来承担特定的工作。她不会再继续事无巨细地管理，她可以留心自己对他人行为所产生的感受，甚至可以跟大家谈论自己的感受。

建议

我们给她的建议是，不需要管理人际关系或试图控制未来。她需要做的是，接受事情发展的真实面貌，活在当下，并相信船到桥头自然直——人们自然会各司其职。不要以为只有像英雄一样，人们才会喜欢她。

和内在小孩对话

我们建议凯西想象她那个5岁的内在小孩就在她面前，并告诉她的内在小孩："你没有做错任何事，不是你造成了这件事的发生。无论付出多少努力，你都无法改变爸爸。你可以自己玩，让他自己冷静下来。"

现在该你了

为进一步认识你自己，请填写完成下面的表格。请按照前面的说明进行。在"私人逻辑"和"建议"部分，你可以邀请朋友或者家人帮助你做头脑风暴。

姓 名：________________　　　　　　　　日 期：________________

现在

当前问题：____

____

____

过去

童年记忆：____

____

____

私人逻辑

我：____

他人：____

生活：____

因此：____

未来

如果一切照旧：____

____

____

私人逻辑

3A

觉察：____________________

接纳：____________________

行动：____________________

建议

魔法棒：____________________

想法：____________________

与你的内在小孩对话：____________________

笔记

感觉好 才做得好

第九章

凯伦：学会以鼓励的态度对待自我和他人

现在

当前问题：凯伦和两位同事合作完成了一期正面管教家长课的教学工作。他们约定，当本期课程结束时，其中一位讲师写一篇文章来总结学员的收获，以便促进将来的工作。一个月过去了，这篇文章还没有完成。凯伦说："什么，你还没有完成？已经拖稿一个月了！"

这句话一出口，凯伦便意识到，尽管她想更多地鼓励他人，但她并没有说到做到。她想知道是怎样的私人逻辑妨碍了自己。

过去

童年记忆：凯伦的脑海中浮现出的回忆是："在我小时候，跟许多中国孩子一样，跟爷爷奶奶住在一起。记得那时我大概三四岁，有一天爷爷生病了，他坐在床上，我在他旁边的地上玩。爷爷和奶奶最小的女儿——我的姑姑跟我们同住。姑姑当时大概20岁，她想要教我背诵一首古诗，但我怎么也记不住。爷爷不耐烦了，呵斥她说："别再教她了。她很笨！"当我听到这句话时，我认为爷爷不喜欢我。我感到很伤心，很孤独，并认定爷爷说得对：我很笨，什么也学不会。

凯伦的私人逻辑：我们猜测她的私人逻辑可能是这样的：

我很笨，没办法把事情做好。

他人有权利评判我。

生活是一场对能力的考验，而我却不及格。

因此，尝试毫无意义。

未来

如果一切照旧：即使凯伦想要更多地鼓励他人，但当她感到沮丧时，她对别人说话的方式，还是会不自觉地回到她小时候大人对她的那种方式。她知道用这样的方式说话对她自己和他人都会造成挫败感。

3A

觉察： 凯伦最大的顿悟是，她从很小的时候便开始让他人来定义她。她已经将这种行为模式带入到了自己的成年期，像她小时候被评判那样来评判别人。

接纳： 尽管承认这一点对凯伦来说比较难，但她意识到了自己变得像她小时候那些成年人一样有多么令人沮丧。

行动： 凯伦已经学习了很多作为成年人的新技能。最有帮助的一个方法就是注意自己的感受并将其说出来。虽然她在情绪低落或面对冲突时可能无法做到这一点（几乎没有人能做得到！），但她决定在自己情绪平和时，她可以说出自己的感受，并将其表达给自己和他人。

建议

我们给凯伦的建议是，要记住有各种感受都没关系，不要评判它们，而要学会将这些感受说出来。我们的一位同事谈到过对感受可以做的三件事——说出感受、承认感受、处理感受。对凯伦来说，说出她的感受可能是生气或失望。承认感受则是承认自己当下确实有这些感受。处理感受，就是我们在上面向凯伦所建议的做法——在情绪平静下来后，向同事说出她的想法和感受。

和内在小孩对话

凯伦可以对她的内在小孩说："你不需要相信爷爷说的话。对于小孩子来说，要记住一首诗需要花点时间是很正常的，而且，你花上一天的时间也没学会也是正常的。你像每个孩子一样，而且你是独一无二的。要相信你自己。"

现在该你了

为进一步认识你自己，请填写完成下面的表格。请按照前面的说明进行。在"私人逻辑"和"建议"部分，你可以邀请朋友或者家人帮助你做头脑风暴。

姓 名：＿＿＿＿＿＿＿＿　　　　　　日 期：＿＿＿＿＿＿＿＿

现在

当前问题：＿＿＿＿＿＿＿＿＿＿＿＿＿＿＿＿＿＿＿＿＿＿＿＿＿＿＿＿＿＿

＿＿＿＿＿＿＿＿＿＿＿＿＿＿＿＿＿＿＿＿＿＿＿＿＿＿＿＿＿＿＿＿＿＿＿

＿＿＿＿＿＿＿＿＿＿＿＿＿＿＿＿＿＿＿＿＿＿＿＿＿＿＿＿＿＿＿＿＿＿＿

过去

童年记忆：＿＿＿＿＿＿＿＿＿＿＿＿＿＿＿＿＿＿＿＿＿＿＿＿＿＿＿＿＿＿

＿＿＿＿＿＿＿＿＿＿＿＿＿＿＿＿＿＿＿＿＿＿＿＿＿＿＿＿＿＿＿＿＿＿＿

＿＿＿＿＿＿＿＿＿＿＿＿＿＿＿＿＿＿＿＿＿＿＿＿＿＿＿＿＿＿＿＿＿＿＿

私人逻辑

我：＿＿＿＿＿＿＿＿＿＿＿＿＿＿＿＿＿＿＿＿＿＿＿＿＿＿＿＿＿＿＿＿＿

他人：＿＿＿＿＿＿＿＿＿＿＿＿＿＿＿＿＿＿＿＿＿＿＿＿＿＿＿＿＿＿＿＿

生活：＿＿＿＿＿＿＿＿＿＿＿＿＿＿＿＿＿＿＿＿＿＿＿＿＿＿＿＿＿＿＿＿

因此：＿＿＿＿＿＿＿＿＿＿＿＿＿＿＿＿＿＿＿＿＿＿＿＿＿＿＿＿＿＿＿＿

未来

如果一切照旧：＿＿＿＿＿＿＿＿＿＿＿＿＿＿＿＿＿＿＿＿＿＿＿＿＿＿＿＿

＿＿＿＿＿＿＿＿＿＿＿＿＿＿＿＿＿＿＿＿＿＿＿＿＿＿＿＿＿＿＿＿＿＿＿

＿＿＿＿＿＿＿＿＿＿＿＿＿＿＿＿＿＿＿＿＿＿＿＿＿＿＿＿＿＿＿＿＿＿＿

3A

觉察：____________________

接纳：____________________

行动：____________________

建议

魔法棒：____________________

想法：____________________

与你的内在小孩对话：____________________

笔记

生命只有被看见
才会变得美好

第十章

哈利：处理尴尬和羞愧的情绪

现在

当前问题： 我怎样才能有效地利用时间？

过去

童年记忆： 哈利回忆说：“我八九岁那年，在童子军的营地里。我站在一条小河沟或者小溪的一侧。大部分孩子都能跳过小溪，没有任何问题。轮到我的时候，我纵身一跃，却掉进了水里。我当时并没有做出很大的努力——我在跳的那一刻退缩了，最终掉进了水里。我感到很尴尬，觉得自己很无能。”

哈利的私人逻辑：我们与哈利一起做头脑风暴，对他在八九岁时形成并仍然在起作用的信念提出了如下猜测：

我没有做出很大的努力。

我退缩了，因为我害怕。

我让自己失望了，因为不够努力。

我无法成功，因为我认为自己会犯错误。

如果我没有立刻达到成功，我会感到尴尬。

我相信自己无能，这阻止我尝试新事物并从经历中学习。

我认为，如果我还不够完美，我就不应该费心去尝试，因为我只会让自己尴尬并感到自己无能。

他人可以轻松地取得成功。

生活的前路中需要勇敢一跳，而这是我无法胜出的挑战和竞赛。

因此，我不会很努力，并且最终会掉入水中。我已经认定自己做不到，所以在开始之前我就会放弃。

未来

如果一切照旧：哈利说："我会在开始之前就放弃，因为我已经认定自己做不到，那为什么还要尝试呢？"

3A

觉察：有了对自己的这种认识，哈利脸上的表情变得忧伤起来。“从一开始，我便习惯于做自己能做好或做完美的事情。一旦有任何麻烦，我立刻就会放弃，我不会花时间去尝试，也不会允许自己边干边学。”

接纳：在回想了自己的人生之后，哈利意识到他一直无法摆脱做那些对自己来说容易的事情，并且在遇到困难时多么容易放弃。

行动：哈利意识到他必须深入地尝试做一些事情，才有机会认清楚这到底是不是自己真正想要做的。“一旦我在自己可能感兴趣的事情上付出最大的努力，我就需要相信自己的感受，是把这件事情继续推进下去，还是转战别处。”

建议

我们给哈利的建议是，在遇到困难时，要坚持再试一次。

哈利从正面管教工具卡中抽了一张，结果抽到的是“放手”。他说：“我会告诉我的内在小孩，放弃你必须像其他人一样竞争的想法。我会说，别想那么多，只需要放手一搏，尽你的全力就好。”

如果我们总是把自己跟别人比较，或者跟某些自认为的“应该”做比较，我们肯定会阻止自己进行尝试。那些尴尬和羞愧的感受就与“应该”有关。生而为人，我们必然会犯错误，因此，假如你犯了错误，不要拿自己跟别人做比较，要再次尝试！

和内在小孩对话

哈利在跟他的内在小孩交谈时很有经验。他说：“你一定是认为自己跳不过去，并且感到很羞愧。你要做你自己，你会以自己的方式发光。”

现在该你了

为进一步认识你自己，请填写完成下面的表格。请按照前面的说明进行。在“私人逻辑”和“建议”部分，你可以邀请朋友或者家人帮助你做头脑风暴。

姓 名：________________　　　　　　　　　　日 期：________________

现在

当前问题：______________________________

____

____

过去

童年记忆：______________________________

____

____

私人逻辑

我：______________________________

他人：______________________________

生活：______________________________

因此：______________________________

未来

如果一切照旧：______________________________

____

____

私人逻辑

3A

觉察：________________________________

接纳：________________________________

行动：________________________________

建议

魔法棒：________________________________

想法：________________________________

与你的内在小孩对话：________________________________

____

____

____

笔记

回归当下
一切终将安好

第十一章

鲁迪：我准备好做父亲了吗?

现在

当前问题：当鲁迪知道妻子凯利确实怀孕并且他们听到胎儿心跳之后，他对两人一起经历过的一切感到特别兴奋。他很开心，但也担心他们长久以来的热切期待如今不再只是一个想法，而是一个真实的鲜活的生命。他想成为父亲，同时也渴望做自己想做的事。他很担心这两者可能会产生冲突。因为他想要更多收入来支付汽车、房子、教育等费用，但也想拥有参加各种活动的自由——尤其是参加户外活动。这些活动虽然所费无几，但需要自由的时间。此刻，他感到很矛盾，并且怀疑自己是否能够做到两者兼顾。

过去

童年记忆：鲁迪回忆道："记得在我十岁左右，爸爸带我参加三一节背包徒步旅行活动，活动结束后我们又加入了'猪猪农场野餐会'。我体验到了无拘无束的自由。那一天里，既有户外活动，又有节日庆典，我在这两个活动里同时体验到了极致的乐趣和自由。我感到自由、无拘无束、快乐，并且没有责任的束缚。"

鲁迪的私人逻辑：鲁迪的记忆描绘了他对"生活应该如何"的观念。我们对鲁迪私人逻辑的猜测如下：

我想要大量的自由和快乐。

我不想被迫在自由和责任之间做出选择。

他人（比如我爸爸）带我认识了一个充满乐趣的世界，我喜欢分享这样的乐趣。

当乐趣和自由结合在一起时，生活才是最棒的，尤其是在户外。

因此，我会跟他人一起追求乐趣和自由。

未来

如果一切照旧：鲁迪说："我无法想象凯利和我还有我们的孩子会无忧无虑地生活在乡下，住在一座被森林环抱且没有围墙的房子里，即使这样的生活就是我想要的。"

3A

觉察：像大多数将要成为父亲的人一样，鲁迪敏锐地觉察到了自己的复杂感受。他说，他对自由的高度重视似乎违背了想要孩子的初衷。鲁迪认为，从某些方面来说，有孩子是一种解放。“我可以走到哪里就把孩子带到哪里。”他说，在自己的生活中把孩子规划进来其实也是一件非常享受的事情，不会成为一种负担。同时，他又感到自己对未来的生活无法掌控，“……比如说，这孩子是男是女？孩子是想做什么就去做什么，成为我的老师呢，还是会顺从我的意见，做我想让他做的事？”

接纳：鲁迪承认，他最大的挑战或许是要回到当下。“我想告诉自己，事情会好起来的。即便会有艰难时刻，一切终将安好。”

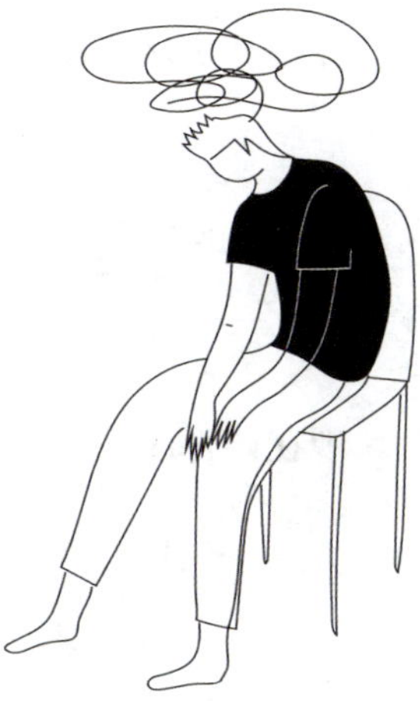

行动：鲁迪说，他计划专注于当下，而不是一下子兼顾太多的事或人。“活在当下会帮助我看到并注意到日常的美好事物。我可以专注于放慢节奏，简单生活，保持平静与静心的状态，并留出时间进行思考。”

建议

我们给鲁迪的建议是："一切都是最好的安排。如果你想要预测未来，我们敢向你保证，只要你专注于当下的生活，顺其自然，一切都会迎刃而解。"

我们建议鲁迪要意识到，他现在就在自己需要在的地方。我们提醒他，他并非是唯一一个有这些顾虑和问题的人。即便生儿育女、组建家庭是他人生当中重要的一部分。同时，他的这些担忧也很普遍，几乎每个准父亲都会有。但不管怎样，跟大部分准父亲一样，他也会成为一个很有爱心的父亲。我们相信他会找到属于自己的平衡，既不需要放弃他真实的样子，同时也能在孩子成长的道路上提供支持和引导。

与内在小孩对话

告诉他："有一天，你将成为父亲，你会跟自己的孩子分享对户外活动的热爱。孩子多么幸运，能够跟你一起参与很多好玩的冒险。"

现在该你了

为进一步认识你自己，请填写完成下面的表格。请按照前面的说明进行。在"私人逻辑"和"建议"部分，你可以邀请朋友或者家人帮助你做头脑风暴。

姓 名：________________　　　　日 期：________________

现在

当前问题：____

____

____

过去

童年记忆：____

____

____

私人逻辑

我：____

他人：____

生活：____

因此：____

未来

如果一切照旧：____

____

____

3A

觉察：________________________________

接纳：________________________________

行动：________________________________

建议

魔法棒：________________________________

想法：________________________________

与你的内在小孩对话：________________________________

笔记

让所有的事情流经我
而不是卡住我

第十二章

罗里：我是不是也在走向失智？

现在

当前问题：罗里六十多岁的时候开始不断被健忘困扰，尤其在工作中，健忘让他备感压力。他说："我总是不确定是否做了需要做的每一件事，不得不回过头来反复检查确认。"他感到害怕，担心自己正在一步步走向失智。他还说，他感到很生气，因为他需要做大量的笔记、列出很多清单，然后还要反复检查清单，以确保万无一失。这使他的工作量呈指数级增加，因为他认为自己必须重复每一件事。

他给我们举了一些例子。"在一次电话会议中，我正要从与会者那里获取一些信息，但是我不记得我是否在会议中已经问过或者之前已经收集过。有时，我为制订工作日程感到焦虑，因为我不记得自己是否已经在某个日期安排了事情，然后可能迷迷糊糊地在事项安排中出现了时间冲突的差错。这些节外生枝的麻烦让我感到尴尬、生气，还有点窝火。”

过去

童年记忆：罗里的脑海中最先出现的是一桩发生在十年前的事情。他说：“我父亲在去世前已经基本失智。有一次在逛完商店之后，父亲不记得把车停在哪里了，于是他便在镇子里到处游荡。后来，一位邻居看到了他，问他是否还好，并把他送回了家。我的父亲和母亲都给我讲过这件事，我一边听着，一边为我的父亲感到难过、伤心和担忧。当时我想，‘他正在丧失独立生活的能力，这将彻底改变他的生活方式。他可能再也不能自己开车，也不能独自出门了。’”

罗里的私人逻辑：我们做头脑风暴，对罗里的私人逻辑进行了猜测：

我对他人的处境感同身受。

我看到老人们的生活随着日益年迈而发生变化，这些变化是他们不喜欢的，也是他们无法掌控的。

随着老人变得越来越依赖他人，他人需要照顾他们。

生活意味着，衰老会带来很多能力的丧失和改变，对于这些改变，我们既不喜欢也不能掌控。

生活也意味着，我们会丧失独立生活的能力，他人会照顾我们。

因此，我担心这样的境况已经降临到了我身上。

未来

如果一切照旧：罗里担心他会因为一再发生的失误而无法胜任工作。他说："我没有一套行之有效的系统或强大的能力来同时处理多项工作事务。我已经犯下了日程安排冲突的错误，并且不得不决定告诉相关人员该项安排无法如期进行，为这个错误道歉，然后重新做出安排。我感到很生气、窝火，也觉得很尴尬。在更深的层次，我已经开始怀疑自己是否适合继续做这份工作了。"

3A

觉察：罗里说："我知道自己目前忧心忡忡，甚至还有点害怕，怕自己变老，怕变老带来失智，怕失智有可能是家族遗传，并且失智现象可能已经降临到我头上了。"

接纳：罗里承认，到目前为止还没有人抱怨或指出他犯下的任何错误，他说："对其他任何人来说，这可能都不算什么大问题，因为我还没有收到任何这方面的反馈。"但这对罗里本人来说是一个问题，因为他花费了大量的时间和精力来研究和使用各种记忆法和事项提醒

清单，在此之前，他在工作中从来不需要用这些东西。

行动：罗里已经开始用新的行为来应对这些挑战：确保充足的睡眠，工作日不饮酒，用规律的健身活动来缓解压力。他提醒自己，距离退休仅有一年时间，他觉得自己可以“咬牙坚持”到退休。

建议

我们建议罗里假装他有一支魔法棒，挥舞一下就能改变目前的状况。他会做出怎样的改变？他说：“工作没那么忙！那就完美了！”

我们给出的另一个建议是：罗里现在就可以退休。或者，他可以去对他所害怕的自己的大脑可能发生的变化做一次检查。他还可以跟其他人核实一下自己的工作状态。

与内在小孩对话

我们问罗里，他会如何向自己的内在小孩谈正在发生的一切，他回答说：“当你是个小孩子时，你以为生活会永远不变，一天天就这样过下去。现在你是一个成年人了，你知道生活会变，人也会变，没有什么能逃得过改变。把握好当下的每一天吧！”

现在该你了

为进一步认识你自己，请填写完成下面的表格。请按照前面的说明进行。在“私人逻辑”和“建议”部分，你可以邀请朋友或者家人帮助你做头脑风暴。

姓 名：________________　　　　　　　　　　日 期：________________

现在

当前问题：____

____

____

过去

童年记忆：____

____

____

私人逻辑

我：____

他人：____

生活：____

因此：____

未来

如果一切照旧：____

____

____

3A

觉察：________________________________

接纳：________________________________

行动：________________________________

建议

魔法棒：________________________________

想法：________________________________

与你的内在小孩对话：________________________________

____

____

____

笔记

我和我自己在一起
别人都是自己的内在投射

第十三章

玛格丽特：突如其来的工作变故

现在

当前问题：玛格丽特告诉我们，这次个案面谈对她来说很及时，因为她工作的机构正在酝酿一次改变，不再聚焦于婚姻和家庭开展工作。玛格丽特和她的丈夫格雷格为各种家庭提供心理辅导已有30年之久，这次改变肯定会影响他们的工作，尽管她不确定会如何影响。

过去

童年记忆：玛格丽特很快就分享了她8~10岁期间的一段童年记忆。记忆中，玛格丽特跟姐姐一起骑车玩，她们骑车回家的时候，妈妈站在门口迎接两个女儿，并说她们养的乌龟逃走了。玛格丽特感到很困惑并且很吃惊，她想："乌龟怎么能逃走呢？"

玛格丽特的私人逻辑：根据玛格丽特的回忆，我们猜测了她的私人逻辑。玛格丽特很活泼；她喜欢跟一个伙伴在一起；她对对与错、可能与不可能抱有强烈的个人观点；她会质疑她认为不合理的事情。根据玛格丽特的回忆，她有关"我"、"他人"、"生活"和"因此"的私人逻辑可能如下：

> 我有逻辑性，我很活泼，也是个好伙伴。
>
> 他人喜欢和我在一起。
>
> 他人并不总是那么头脑清晰、有逻辑。
>
> 生活是可预测的，而当它不可预测时，就是一个意外。
>
> 因此，我要努力以一己之力解决矛盾或问题。

玛格丽特很快就把这段回忆与她当前情形联系了起来。她工作的机构发生的状况令她感到惊讶和困惑。她想不通自己工作的机构怎么能放弃心理辅导和父母教育。当她对此有更多思考后，她怀疑该机构是否可能早已改变了方向，而这正是她和格雷格已经连续几个月都没有接收到新的转介来访者的原因。这几个月来，她和格雷格抱着一切如旧的假设继续日常的工作。他们甚至培训了两对夫妇，并在招募更多有可能参与心理辅导事业的人。虽然玛格丽特并没有大声说出她的质疑，但她很清楚该机构正在发生的事情是错的，并且事情处理得很糟糕。

一如既往，在决定如何处理这种情形时，玛格丽特坚守着个人职责，并希望事情能够得到妥善解决。她还没有与该机构讨论此事，也没有与另一对愿意与他们合作的夫妇讨论此事。她说："格雷格和我还没准备好跟该机构或心理辅导就此别过，所以我们得想办法找到兼顾这两者的方法。"

3A

觉察：玛格丽特说："我意识到，我并不了解人们的想法和感受，尤其是决策者的出发点和愿景。"

接纳：玛格丽特说："事情是怎样就是怎样，但是当我回顾自己过去种种的人生经历，我发现自己很难接受的是，当领导者做决定时，他们并不总是让人们知道发生了什么。"

行动：玛格丽特很清楚自己该采取什么行动。她不再把这样的决定看作是针对自己的，她也不再将她的想法和感受藏在内心，并责备自己。相反，她决定开心起来，接纳即将发生的事，而且，她会向别人分享自己的想法和感受。她咯咯地笑着说："我给很多人提出过这样的建议。"然后，玛格丽特恍然大悟："哇，我其实正在做着我不喜欢别人做的事！

我把自己的想法、感受和观点都深埋在心里。”

建议

玛格丽特的经历提醒我们，生活中发生的很多事情会给我们带来影响，并且我们会对其产生各种感受，但这些事情的发生不是我们造成的，而且这不是我们的错。“有时候，我们很容易陷入自责，或者自怨自艾，或者相信自己是受害者。而事实上，在这种情况下，你有很多选择。”

我们鼓励玛格丽特，当她在生活中陷入困境，并且不知该如何行动时，她可以通过三种方式获得灵感：

1.她可以假装自己有一根魔法棒，只要轻轻挥动魔法棒便可以改变生活中的情形。这种方式可以让她清晰地认识自己想要的生活是怎样的，这对于坚持下去是很有帮助的。

2.她可以询问其他人在她所处的情形中会怎么做。通过这种方法，可以帮助自己了解到不同的视角、观点和私人逻辑。

3.最后，她可以接纳生活并非总会如她所愿，并决定她将如何对待这种失望。

与内在小孩对话

我们问玛格丽特会如何向自己的内在小孩说起发生的一切，她说：“乌龟是怎么消失的已经不重要了。你爱你的乌龟，而现在它不在了。我感到特别抱歉。也许在未来的某个时候，你可能会考虑养一只新宠物。我会在你身边，给你帮助。”

现在该你了

为进一步认识你自己，请填写完成下面的表格。请按照前面的说明进行。在“私人逻辑”和“建议”部分，你可以邀请朋友或者家人帮助你做头脑风暴。

姓 名：________________ 日 期：________________

现在

当前问题：____________________________________

____

____

过去

童年记忆：____________________________________

____

____

私人逻辑

我：____________________________________

他人：____________________________________

生活：____________________________________

因此：____________________________________

未来

如果一切照旧：____________________________________

____

____

3A

觉察：______________________________

接纳：______________________________

行动：______________________________

建议

魔法棒：______________________________

想法：______________________________

与你的内在小孩对话：______________________________

____

____

____

在一段关系里

你带来什么就会收获什么

第十四章

吉娜：等待真命天子

现在

当前问题： 吉娜说，她发现约会是一桩苦差事，麻烦且浪费时间。当她回忆过往的经历时，她决定忘掉约会。不幸的是，这一决定与她想要建立亲密关系的目标相矛盾。

过去

童年记忆： 为了弄清楚是什么样的私人逻辑导致了她的问题，我们请吉娜想一想出现在她脑海中的第一段童年记忆，并描述当时她有多大年纪，发生了什么，她有怎样的感受。吉娜问她是否应该回想初次约会的经历。我们解释说，因为她已经确定约会是她要解决的问题，现在要做的是让任何记忆浮现出来，并讲述给我们。即使这段记忆与约会毫无关系，它依然能够帮助她了解自己的私人逻辑。以下是她回想到的记忆：

“大概在我四岁的时候，下了一场很大很大的暴风雨。暴风雨结束之后，我骑在爸爸肩头在家附近的街道闲逛，看着倒在地上的所有树木，而我爸爸在跟邻居们聊天。这很有趣，我感到很开心。”

吉娜的私人逻辑：很多人都会有揭示他们关于“生活应该怎样”的私人逻辑的回忆。吉娜的这段记忆就是一个很好的例子。根据她所分享的记忆，我们对她的私人逻辑做了如下猜测：

我不必担心任何事情。

当我高高在上时，我感到开心。

他人会带上我。

他人会去工作，评估损失。

生活应该有趣且安全，生活对我来说是一个远离暴风雨和伤害的地方。

因此，我期待他人去处理损失。

未来

如果一切照旧： 如果吉娜按照这种私人逻辑继续生活，这会给她建立亲密关系的能力带来怎样的影响呢？她可能会找到一个暂时愿意处理出现的所有问题的人，但这可能不是建立长期亲密关系的良方。

3A

觉察： 吉娜浅浅一笑，露出懊悔的神色，她承认自己是一个一心想“不劳而获”的人。她只想要乐趣、轻松和自在，并让别人解决问题，搞定所有事情。

接纳： 吉娜说：“真相就是，我确实期待不费吹灰之力就能找到另一半。”

行动： 吉娜决定，她不妨就抱着这份信念：属于她的缘分一直都

在，她不需要努力去寻找，因为这份缘分会来找到她！

建议

我们给吉娜的建议是，要在每一次经历中寻找“礼物”，只要怀着美好的期待，时常就会有好的结果。整个世界都站在你一边，你想要的事情都会实现。

与内在小孩对话

吉娜可以对她四岁的内在小孩说：“驮着你骑大马的人就要来了！”

现在该你了

为进一步认识你自己，请填写完成下面的表格。请按照前面的说明进行。在“私人逻辑”和“建议”部分，你可以邀请朋友或者家人帮助你做头脑风暴。

姓 名: ______________　　　　日 期: ______________

现在

当前问题: ______________

____

____

过去

童年记忆: ______________

____

____

私人逻辑

我: ______________

他人: ______________

生活: ______________

因此: ______________

未来

如果一切照旧: ______________

____

____

私人逻辑

3A

觉察：______

接纳：______

行动：______

建议

魔法棒：______

想法：______

与你的内在小孩对话：______

______

______

______

笔记

结语

本书旨在与《做你自己的心理治疗师》[①]和《懂我就是爱我》[②]两本书共同构成鼓励咨询课程体系的内容。本书作者琳·洛特矢志不渝的目标是改善人们的生活，并提升他们鼓励自己与他人的能力。琳·洛特把自己毕生的全部心力都投注在帮助人们感受更好、活得更好的工作中。她为渴望成长与改变，并对各种可能性保持开放心态的人们送去一份礼物——由她一手创建的鼓励咨询课程体系。如果你渴求成长，开始对周围发生的一切以及自己在其中所扮演的角色有了觉察和意识，如果你可以不带评判、如其所是地接纳，那么人生中很多新的选择就会自然而然地呈现出来。选择包括改变想法、改变感受，以及改变行为。由于你的想法、感受和行为相互关联，互相影响，因此，只要改变三个环节中的任意一个，其他两个也会随之改变。

所有这些都可以在无药物治疗的情况下实现——尽管现代社会的通用认知会让你觉得不吃药不行。鼓励咨询是一种鼓励和赋能模式，而不是疾病治疗模式。

---

① 琳·洛特，芭芭拉·曼登霍尔著，花莹莹译，北京联合出版公司，2015年第一版。——译者注

② 琳·洛特，玛丽琳·M.肯特，德鲁·韦斯特著，张婷婷译，北京联合出版公司，2015年第一版。——译者注

我们认为，当你的人际关系出问题时（无论是与孩子、配偶、朋友、家人、同事，还是跟你自己的关系），问题都源自于你备感受挫而灰心的心态，而非生病。如果情况确实如此，那么你就需要找到激励自己和他人的方法。这样的方法有很多！

鼓励咨询的目标之一是帮助你与你的内在小孩建立连接，然后探索内在小孩的受挫是如何发生的。运用你掌握的生活技能，以及在各种学习中所积累的技能——比如阿尔弗雷德·阿德勒的个体心理学（由阿尔弗雷德·阿德勒创建的心理学派），鲁道夫·德雷克斯的著作《孩子挑战》，以及简·尼尔森、琳·洛特和其他作者合著的“正面管教”系列书籍，这些技能的融合使用都能治愈你的内在小孩，把打击与受挫转化为鼓励，帮助你的内在小孩成长为健康的成年人。如今，鼓励咨询在全球已被广泛传播，本课程体系在中国、墨西哥和南美尤其受欢迎。目前，你们有大量的机会学习如何使用鼓励咨询鼓励自己和他人，同时也能为这一不断发展的个人成长领域贡献一己之力。

更多信息，请访问琳·洛特的网站 www.lynnlott.com 或通过电子邮件 lynnlott@sbcglobal.net 与琳·洛特本人取得联系。